当诗词遇见科学

陈征 著

10

北京时代华文书局

图书在版编目（CIP）数据

当诗词遇见科学：全20册 / 陈征著 . — 北京：北京时代华文书局，2019.1（2025.3重印）
ISBN 978-7-5699-2880-8

Ⅰ. ①当⋯ Ⅱ. ①陈⋯ Ⅲ. ①自然科学－少儿读物②古典诗歌－中国－少儿读物 Ⅳ. ①N49②I207.22-49

中国版本图书馆CIP数据核字(2018)第285816号

拼音书名│DANG SHICI YUJIAN KEXUE：QUAN 20 CE

出 版 人│陈 涛
选题策划│许日春
责任编辑│许日春　沙嘉蕊
插　 图│杨子艺　王 鸽　杜仁杰
装帧设计│九 野　孙丽莉
责任印制│訾 敬

出版发行│北京时代华文书局 http://www.bjsdsj.com.cn
　　　　　北京市东城区安定门外大街138号皇城国际大厦A座8层
　　　　　邮编：100011 电话：010-64263661 64261528
印　　刷│天津裕同印刷有限公司
开　　本│787 mm×1092 mm　1/24　印　张│1　字　数│12.5千字
版　　次│2019年8月第1版　　　　印　次│2025年3月第15次印刷
成品尺寸│172 mm×185 mm
定　　价│198.00元（全20册）

自 序

　　一天，我坐在客厅的沙发上，望着墙上女儿一岁时的照片，再看看眼前已经快要超过免票高度的她，恍然发现，女儿已经六岁了。看起来她一直在身边长大，可努力搜索记忆，在女儿一生最无忧无虑的这几年里，能够捕捉到的陪她玩耍，给她读书讲故事的场景，却如此稀疏……

　　这些年奔忙于工作，陪孩子的时间真的太少了！

　　今年女儿就要上小学，放眼望去，小学、中学、大学……在永不回头的岁月中，她将渐渐拥有自己的学业、自己的朋友、自己的秘密、自己的忧喜，直到拥有自己的家庭、自己的人生。唯一渐渐少了的，是她还愿意让我陪她玩耍，给她读书、讲故事的时间……

　　不能等到孩子不愿听的时候才想起给她读书！这套书就源自这样的一个念头。

　　也许因为我是科学工作者，科学知识是女儿的最爱，她每多了解一个新的科学知识，我都能感受到她发自内心的喜悦。古诗词则是我的最爱，那种"思飘云物动，律中鬼神惊"的体验让一个学物理的理科男从另一个视角感受到世界的美好。当诗词遇见科学，当我读给孩子，这世界的"真""善"与"美"如此和谐地统一了。

书中的科学知识以一个个有趣的问题提出，目的并不在于告诉孩子答案，而是希望引导孩子留心那些与自然有关的细节，记得观察生活、观察自然；引导孩子保持对世界的好奇心，多问几个为什么。兴趣、观察和描述才是这么大孩子的科学教育应该做的。而同时，对古诗词的赏析，则希望孩子们不要从小在心里筑起"文"与"理"之间的高墙，敞开心扉去拥抱一个包括了科学、文化和艺术的完整的世界。

不得不承认，这套书选择小学语文必背的古诗词，多少还是有些功利心在其中。希望在陪伴孩子的同时，也能为孩子的学业助一把力。

最后，与天下的父母共勉：多陪陪孩子，趁着他们还没长大！

目录

唐 张继

fēng qiáo yè bó
枫桥夜泊

yuè luò wū tí shuāng mǎn tiān
月落乌啼霜满天，

jiāng fēng yú huǒ duì chóu mián
江枫渔火对愁眠。

gū sū chéng wài hán shān sì
姑苏城外寒山寺，

yè bàn zhōng shēng dào kè chuán
夜半钟声到客船。

1 枫桥：旧称封桥，位于今江苏省苏州市枫桥镇。

2 姑苏：苏州城西南有一座姑苏山，后人常以姑苏代表苏州。

3 寒山寺：苏州市枫桥镇附近的寺院，苏州名胜古迹之一。始建于南朝梁代，相传因唐代僧人寒山、拾得曾居于此而得名。

进士及第后，我本想做出番成绩，不想安史之乱爆发，我也只能仰天长叹，跟着一众文士到江南躲避。一个秋天的夜晚，我泊船苏州枫桥。驻足桥边，我被水乡秋夜幽美的景色深深吸引住了。月亮渐渐隐去，乌鸦不住地啼叫，寒气在天地间弥漫。面对着江边枫树和渔船上的灯火，想到战火纷飞的局面，我忧愁难眠。夜半时分，耳边传来敲钟的声音。我循声倾听，原来钟声来自姑苏城外寂寞清静的寒山古寺。钟声增添了我的愁绪，我不知道怎样才能挨到天亮。

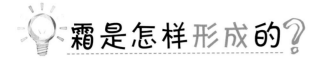

霜是怎样形成的？

当温度降到 0℃ 以下时，水分子就不再像热闹大街上熙熙攘攘却没有规则的人群那样，可以随便流动，而是变成像国庆阅兵式上的队列一样，排列得整整齐齐。这时，水就从液态变成固态，也就是结成了冰。

空气中通常都含有一些水蒸气，当气温降低时，空气能够容纳的水蒸气会变少，通常那些空气容纳不了的水蒸气遇到冷的东西就会凝结成水，也就是平时我们所说的露水。但是如果气温很低，水蒸气遇到的树叶、树枝、窗户、地面等物体的温度比 0℃ 还低，那么水蒸气不会先变成水，然后再结冰，而是水分子直接排列整齐地被"冻"在物体上，形成冰晶，这就是霜。当我们看到结霜的时候，说明气温已经降到 0℃ 以下了。

水蒸气这种气态不经过液态而直接变成固态的现象叫作"凝华"。除了霜以外，冬天在玻璃窗上能够看到的美丽"冰花"，也是水蒸气凝华的结果。或者说，窗户上的"冰花"，其实是一种更晶莹剔透的霜。

人为什么会发愁？

即便是在科学发达的今天，人们对自然界已经有了很深入的了解，可是我们对人类自己的了解还非常有限。尤其是对我们自己的情绪、思想是如何产生，按照什么规律变化的问题，科学家们还没有找出很令人满意的答案。

不过我们还是有一些发现。

人的身体就像一支训练有素的部队，身体的每个部分各司其职、尽心尽力地进行各项工作。而指挥大家有条不紊工作的指挥部就是我们的大脑，负责传递命令的联络员是身体里的神经和激素。当各种激素分泌和神经活动都良好的时候，人的情绪就比较好；而当某些原因使得我们体内的激素分泌失调，神经活动受到抑制的时候，人就会感到发愁、忧伤、抑郁。

　　人在运动时，身体内自然会产生一些积极的激素，比如能令人情绪好转的"内啡肽"。所以，如果你觉得心情不好，适当运动是一种自我调节的有效方法。

唐 韦应物

滁州西涧
chú zhōu xī jiàn

dú lián yōu cǎo jiàn biān shēng　　shàng yǒu huáng lí shēn shù míng
独怜幽草涧边生，上有黄鹂深树鸣

chūn cháo dài yǔ wǎn lái jí　　yě dù wú rén zhōu zì héng
春潮带雨晚来急，野渡无人舟自横

1 滁州西涧：滁州，在今安徽省滁州市以西；西涧，在滁州城西，俗名为上马河。

2 独怜：独独喜欢。

3 春潮：春天的潮汐。

4 野渡：郊野的渡口。

5 横：随意漂浮。

译
文

在滁州西涧春游时，我看到许多美好的景象。我最钟爱的是涧边生长的野草，与树林深处婉转啼鸣的黄鹂。傍晚时分，春潮夹带着细密的春雨不断上涨，西涧水势顿见湍急。郊野的渡口寂静无人，只有一条空船在河边随波横漂，不知船工去了何方。

没人管的船为什么会横在水中？

　　如果你想在一个西瓜上放个乒乓球，需要非常小心仔细才能让乒乓球停留在那儿，而且只要稍微有一点晃动，乒乓球就会掉下来。当你把这个乒乓球放进碗里，却会是不同的情况，乒乓球会老老实实地待在碗底，不论怎么干扰它，稍微晃动几下后，它还是会老老实实地回到碗底。这两种情况都被科学家叫作平衡。不过在西瓜上的乒乓球，那种平衡很容易被打破，所以叫不稳定平衡；而放在碗底的乒乓球抗干扰能力则很强，这种平衡就叫作稳定平衡。

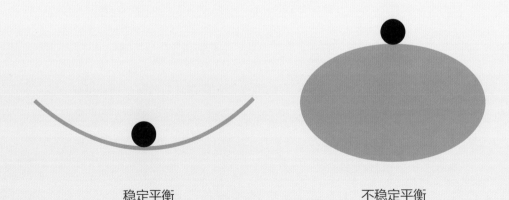

稳定平衡　　　　　　　　　　　　不稳定平衡

船在水流中也有两种平衡状态，一种是顺着水流的方向，另一种就是横在水中。船顺着水流时，如果方向稍微有一点偏，水流就会推着它偏得更厉害，这是一种不稳定平衡的状态；横在水里的船，方向偏出一点时，水流会把它推回原来的样子，所以横在水里的船处于稳定平衡的状态；而船和水流有其他角度时，水流也都会把它推向横着的状态，这就是一条没人管的小船总是会横在水流里的原因了。

宋代的寇准也发现了这个现象，他在《春日登楼怀旧》中有"野水无人渡，孤舟尽日横"的诗句，描写的就是同样的现象。

船怎么控制方向？

通过上一个问题我们知道，船在水流中总是有被推向横在水里的趋势，所以如果船只有向前的动力，它是很难按照自己想要的方向前进的。那么平时我们看到的船都是用什么方式来控制自己的方向呢？

最早的摇橹船有一根大大长长的橹，通过左右摇摆橹，既提供船向前的动力，又可以通过左右拨水来控制方向。

古时候的划桨船以及后来出现的明轮船，都是在船的两边同时划水，通过两面划水力量的不同来控制船前进的方向。今天我们在公园玩的划桨船、水上自行车等，利用的也是这个原理。

　　今天应用最广泛的是螺旋桨推动的船，这种船把动力和方向分成了两个部分。由发动机驱动螺旋桨旋转来推动船向前；另外在水里立放一块能左右转的板子，当板子和水流形成不同角度时，受到不同大小的横向推力，从而控制船的方向，这块能转的板子就叫作舵。小到公园里的脚踏船，中到江河中的内河船只，大到海上的航空母舰、万吨巨轮，都采用了这种结构，它们都通过舵来控制前进的方向。

唐 韩愈

早春呈水部张十八员外

天街小雨润如酥，草色遥看近却无。

最是一年春好处，绝胜烟柳满皇都。

1 张十八员外：水部员外郎张籍，唐代诗人。张籍在兄弟辈中排行十八，故称张十八。

2 天街：都城的街道。

3 酥：酥油、奶汁等，这里指春雨滋润的细腻。

4 最是：正是。

5 绝胜：远远超过。

 早春的长安城真是美极了！细密的春雨打湿了长安城的街道，把整座城市都笼罩在烟雨朦胧中。春雨就像酥油般细密而润泽，可爱至极。远望郊野，草色依稀连成一片，近看却没有了颜色。我始终认为，初春是长安城一年中最美的时节，远远超越柳绿满城的暮春时节。

我们是怎么看到东西的？

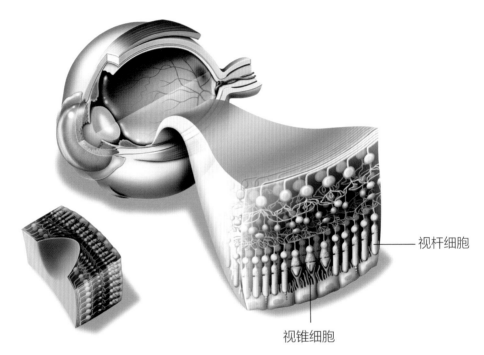

视杆细胞

视锥细胞

　　古希腊哲学家柏拉图认为，我们的眼睛能看到东西是因为眼睛里能够发出一些"触须"，这些"触须"像昆虫的触角一样探测物体，把信息传回眼睛来形成视觉。不过按照这个理论，我们看到东西似乎并不需要太阳光或灯光的帮助，那么为什么会有影子，太阳落山后为什么一片黑暗，这些问题很难回答。

现在我们已经知道，眼睛只是一个接收光线的器官。太阳光或者灯光照亮物体后，物体反射出的光线进入眼睛，通过眼睛里的晶状体聚焦在眼底的视网膜上，就好像通过放大镜，把太阳或者电灯的像聚焦在地面上一样。视网膜里有一种圆柱形的视杆细胞和三种圆锥形的视锥细胞，视杆细胞负责接收比较弱的光，而三种视锥细胞负责接收比较强的光，并且负责分辨颜色。视网膜上的视觉细胞把接收到的光变成电信号发送给大脑，经过大脑里的视觉中枢处理后形成视觉，我们就看到了东西。而光线没有照到的地方，自然就没有光反射进我们的眼睛，于是那里就黑漆漆一片阴影，我们什么也看不到。

值得自豪的是，中国古代与柏拉图差不多同时期的墨子，提出影子是因为光没有照到而形成的，这是世界上最早的对影子的正确认识。

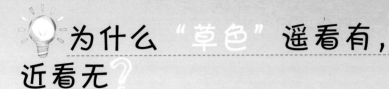

为什么"草色"遥看有，近看无？

　　你有没有发现，在光线昏暗的地方，看到的东西似乎就退去了颜色，只剩下或明或暗的影子。人的眼睛要想"看出"东西的颜色，这个颜色的光就得够多，达到一个"及格线"。只有多于这个及格线时，眼睛才能"看出"这个颜色，如果比这个"及格线"少，人眼就不太容易感受到这个颜色。

"草色遥看近却无"就是这个道理。初春的小雨过后，小草的嫩芽冒出地面，近看时，细细的嫩芽和周围的土地相比所占的面积太小，反射进眼睛的光线也太少，于是我们感觉看到的主要就是土地；而当远看时，许多小草嫩芽反射的光一起进入眼睛，总量超过了让人眼看出颜色的"及格线"，加上人眼本身对绿色又比较敏感，这时感觉看到的主要就是嫩绿小草的颜色了。

科学思维训练小课堂

① 试一试，分别用碗、乒乓球、西瓜，如何来实现稳定平衡和不稳定平衡？

② 看一看，公园里的游船是如何控制方向的？

③ 想一想，什么事情让你开心？什么事情让你难过？

扫描二维码回复"诗词科学"
即可收听本书音频